郑州大学校史文库
HISTORY OF ZHENGZHOU UNIVERSITY LIBRARY

凝固的历史
厚重的记忆

——老郑大建筑图记

主编 曹振宇 孙 红

郑州大学出版社

图书在版编目（CIP）数据

凝固的历史，厚重的记忆：老郑大建筑图记／曹振宇，孙红主编. —郑州：郑州大学出版社，2023.5
ISBN 978-7-5645-8634-8

Ⅰ．①凝…　Ⅱ．①曹…②孙…　Ⅲ．①郑州大学 - 教育建筑 - 图集　Ⅳ．①TU244.3-64

中国版本图书馆 CIP 数据核字（2022）第 064716 号

凝固的历史　厚重的记忆——老郑大建筑图记
NINGGU DE LISHI HOUZHONG DE JIYI——LAOZHENGDA JIANZHU TUJI

策划编辑	崔青峰	封面设计	苏永生
责任编辑	陈 思	版式设计	胡晓晨
责任校对	呼玲玲	责任监制	李瑞卿

出版发行	郑州大学出版社	地 址	郑州市大学路 40 号（450052）
出版人	孙保营	网 址	http：//www. zzup. cn
经 销	全国新华书店	发行电话	0371-66966070
印 刷	河南瑞之光印刷股份有限公司		
开 本	787 mm×1 092 mm　1／12		
印 张	9.5	字 数	197 千字
版 次	2023 年 5 月第 1 版	印 次	2023 年 5 月第 1 次印刷

书 号	ISBN 978-7-5645-8634-8	定 价	98.00 元

主　编：曹振宇　孙　红

副主编：王兴凯　赵自东　肖文沛

编　委：曹振宇　孙　红　王兴凯
　　　　赵自东　肖文沛　贾　琳
　　　　吴军超　郑发展　赵　强
　　　　穆　童　张文良　董仕瑾
　　　　张　珂　杜伊敏　张晓萍
　　　　田　颖　高春佳

当你打开泛黄的相册找寻青春记忆的时候，当你坐在返校聚会会场和多年未见的老同学侃侃而谈的时候，当你路过大学路75号门前，瞻望那熟悉的大门和郭沫若先生书写的校牌"郑州大学"四个遒劲大字的时候，当你漫步在校园葱郁的法桐树下，环顾四周一排排苏式风格建筑楼房的时候，是否勾起你对往事的回忆和眷恋，对母校的亲情是否会油然而生？

老郑大（郑州大学南校区）已经走过67个春秋，时光的打磨下，校园愈发显得沉稳厚重。寒来暑往，一批批莘莘学子在这里获得知识的给养，得到历练与成长。校园的建筑格局，随着学校发展的需要，也在不断地扩增、调整、改造、升级，新的楼房应运而生，老的建筑焕发活力。无论世事如何变化，这些历史建筑始终默默矗立在那里，承载着匆匆而过的岁月，成为郑大人难忘的记忆和永久的骄傲。抚今思昔，追根溯源，郑大人也倍加珍惜自己的过往和历史传承。

老郑大建筑群始建于1956年，2000年郑州大学、郑州工业大学和河南医科大学三校合并组建新郑州大学，这里是新郑大主体办公地，2004年学校主体搬往新校区，但这里仍然承载着繁重的教学科研以及培训任务。音乐学院、书法学院、地球科学与技术学院、国际学院等教学单位，承担着大量人才培养任务；吴养洁院士、霍裕平院士等一批顶尖科学家担纲重大科研任务；继续教育学院、远程教育学院、干部培训中心、MBA、MPA、中原历史与文化研究院，大数据研究院等单位肩负着培训和研究生教育重任。校园内目前拥有近万名学生。经过近70年的建设和发展，校园内有各类建筑物80余处，建筑面积近23万平方米。2018年12月，郑州市人民政府公布了郑州市第一批历史建筑保护名录，郑州大学南校区1号楼等9处建筑名列其中。2021年12月河南省人民政府确定郑州大学南校区15处建筑物为河南省文物保护单位。由于政府和学校对老郑大建筑物的重视，虽历经风雨，建筑物仍风采依旧，处于很好的使用之中。这些建筑见证了郑州大学的成长、发展、壮大历程，留下了多位国家领导人和著名专家、学者在这里工作、学习的身影，也是国家重大历史事件和郑州市城市建设与发展的历史见证。

观瞻历史建筑，联想历史过往，梳理郑大文脉，书写每一步辉煌，是很多郑大人的梦想。在老郑大建筑物成功入选第八批省级文物保护单位的时候，我们着手编写《凝固的历史 厚重的记忆——老郑大建筑图记》这本书，目的是让在这里或曾在这里学习、工作和生活的师生们睹物思情、记住过往，透过这些历史建筑，体会郑州大学厚重的文化底蕴，为拥有而自豪，因自豪而砥砺前行。

本书采用图记的表现形式，围绕老郑大建筑群的历史价值、文化价值和艺术价值，整理大量的精美图片，搭配文字解读，辅以总体阐述，以期给读者身心与视觉上的享受。

编 者
2023 年 5 月

凝固的历史　厚重的记忆
——老郑大建筑图记

目录

一　教学楼宇

　　教学楼宇是校园的核心建筑群体，是师生工作和学习的主要场所，是校园历史载体、文化景观和视觉形象的重要组成部分，对彰显校园文化建设，提升校园文化品位，营造幽雅励志、充满人文气息的校园环境，激发学生勤奋学习、志存高远的斗志，具有十分重要的意义。

　　建校以来，学校一直致力于教学楼的建设和改造，一栋栋教学楼拔地而起，郑大学子在这些楼宇内聆听老师教诲，留下美好深刻记忆。在建设新的教学楼的同时，学校也对旧楼及时维修维护和改造拆建，在维修维护过程中，尽量保持历史原貌和历史记忆；在改造拆建的过程中，尽量保留具有历史价值的建筑，同时尽力让每一栋楼宇，一砖一瓦、一草一木都发挥教化育人的功能。

　　本部分遴选了 17 处教学楼宇，充分考虑展现楼宇的特征、功能、历史承载和文化内涵，着重体现学校的教育理念、文化传统、历史底蕴和发展进程，从不同角度对每栋楼宇进行了概述，力求增强师生对楼宇的印记，呈现各个楼宇在学校建设和发展中的闪光地位。

1. 行政办公楼

██████████（1 号教学楼）

　　行政办公楼（1 号教学楼，含附楼）建于 1973 年，建筑面积 8559 平方米，坐落在郑大南校区东门内的中轴线上。2018 年被郑州市人民政府列入《郑州市第一批历史建筑保护名录》（NO.ZZ007），2021 年被河南省人民政府公布为第八批文物保护建筑之一。现为郑州大学南校区综合管理中心、档案与校史馆、国际学院等单位办公区和院系图书收藏区。

1 号教学楼（正面）

目前，该楼为郑大南校区行政办公中心。楼前廊檐上方"求是担当"的校训庄严醒目，楼前主干道两侧碧绿的草坪内，两尊庄严的文化石（建工学院 1995 级校友捐赠）上"不忘初心、牢记使命"八个红色大字分立两旁。楼房前方南北两侧有 2 号教学楼、3 号教学楼、5 号教学楼、6 号教学楼。南北两条东西主干道两边的梧桐树挺拔参天，郁郁葱葱。在林木衬托下，楼体若隐若现，古朴典雅，走入其中，楼内沉稳大气的格局不由得让人肃然起敬。

　　该建筑平面呈"H"型，左右呈中轴对称，平面规矩。中间高（4层），两边低（3层），主楼高立，两侧自然低平依偎，楼内回廊宽敞伸展，走廊两端设安全通道。门厅宽阔，空间通畅，二楼挑空，中间为宽敞明亮的会议室。建筑造型体现了当代建筑风格，将建筑空间、历史文脉及城市文化生活有机结合。此楼外观原设计为红瓦坡顶，与左右两侧四栋苏式建筑协调一致。后因当时资金问题，本着节约的原则，屋顶改为了平顶，左右两侧省去了勒脚，其变化也符合人们当时的审美观。

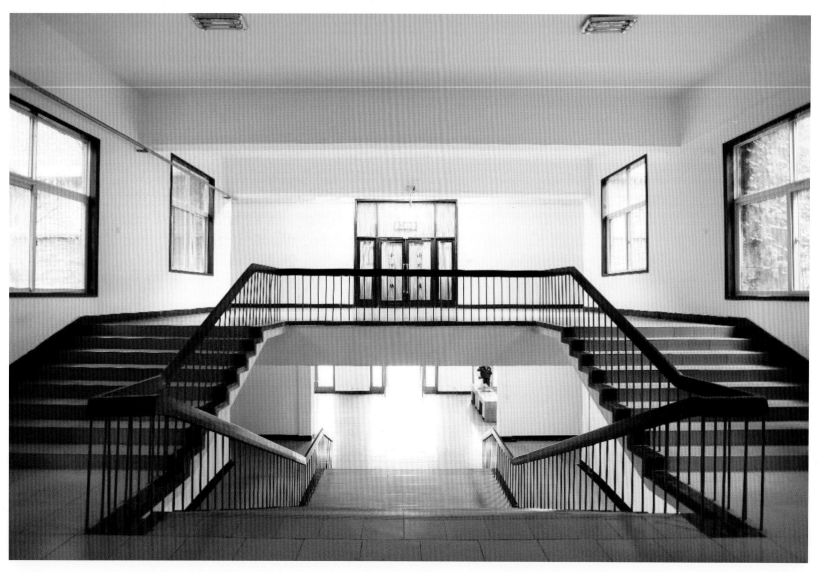

室内楼梯

　　该建筑原设计为数理化综合教学楼和图书馆。1980 年学校行政办公机构搬入此楼。1996 年新的图书馆建成搬出后，大厅改造为会议室，原图书馆书库作为院系图书资料藏书使用。郑州大学、郑州工业大学和河南医科大学三校合并后，2000 年至 2004 年作为新郑州大学党政机关办公使用。1 号楼从 20 世纪 70 年代到 21 世纪初的近 30 年间，一直是学校党政办公和教育教学管理的中心，这里留下了一代又一代郑大校领导及党政机关人员的足迹和伏案工作的身影，在这里多次做出了事关郑州大学改革与发展的重要决策。1991 年黄河大学并入郑州大学；1996 年郑州大学通过国家"211 工程"部门预审，1999 年正式列入国家"211 工程"项目院校进行重点建设；2000 年三校合并，曾在这里召开筹备会、协调会和工作推进会。一系列重大决策、重要决定在这里完成。这里不仅见证了郑大建设发展过程中的历史性事件，也留下了河南高等教育发展的浓重印记。

1 号教学楼（南侧）

2. 北物理楼
（2 号教学楼）

　　北物理楼（2 号教学楼）坐落在南校区理科院建筑群的东部，北主干道北侧。楼前是校内主干道和草坪景观带。该楼北侧是学习堂，左边与大学路隔墙相望，右边与 6 号教学楼隔路为邻。该建筑建于 1956 年，建筑面积 4572 平方米，当年建筑造价 22.9 万元，整体设计为苏式建筑风格，平面为"U"型，两侧向前略有延伸，布局形式为三层双面，结构采用砖木与砖混相结合，一层两端原为阶梯教室，可供一百多名学生上课，二层以上为院系办公区和教学实验室。建成初期为物理教学楼，这也是把该楼称为北物理楼的缘故。多年来一直服务于外语部和思想政治教育系教学科研。高分子材料专业从化学系分出成立材料系，搬到此楼办公。直至三校合并后，材料系搬出，2004 年至今，为商学院 MBA 教育中心教学基地。

2 号教学楼（正面）

2号教学楼
（侧面）

2号教学楼
（正门）

2号教学楼
（室内）

该建筑特点是平面规矩，坐落平衡，左右中轴对称，室内空间较高，走廊宽敞伸展，外立面由檐部、墙体和勒脚三段式构成。四面红色坡顶出檐，顶上有造型别致的通风口，墙体宽厚，门窗方正，三处开门，形式规整，给人以厚重、大气、庄严之感，具有较高的建筑艺术价值和历史保存价值。

2018年该楼被郑州市人民政府列为《郑州市第一批历史建筑保护名录》（NO. ZZ004），2021年被河南省人民政府公布为第八批文物保护单位建筑之一。

3. 数学楼
（3 号教学楼）

数学楼（3 号教学楼）坐落在南校区建筑群的东南方向，位于东大门南侧，坐南朝北，楼前为浓荫蔽日的东西主干道和草坪景观带，后面是 4 号教学楼（离退休老干部活动中心），与 5 号教学楼并肩矗立，东侧透过围墙，为繁华的大学路。该建筑建于 1956 年，属老郑大首批建筑，建筑面积 4217 平方米，当年建筑造价 22.1 万元，整体设计为苏式建筑风格，高 3 层，两端向前稍有跨出，中间向后略有延伸，左右对称，三处开门，中间设有门厅，两边设有疏散通道。与 2 号教学楼为同一批建筑，风格特点一致。

该建筑曾为数学系教学楼，数学系是我校成立最早的三个教学系之一，从这里走出了曹策问、吴祖基、林诒勋等多位著名学者、教授。1985年成人教育学院搬入此楼三层办公。三校合并后继续教育学院曾搬离此楼，后在2015年，数学系全部搬迁主校区后，继续教育学院又重新搬回此楼办公，并做了进一步装修。

2018年被郑州市人民政府列为《郑州市第一批历史建筑保护名录》（NO.ZZ001），2021年被河南省人民政府公布为第八批文物保护单位建筑之一。

3号教学楼（东侧面）	3号教学楼（西侧面）

4. 南物理楼
▮▮▮▮▮▮（5 号教学楼）

　　南物理楼（5 号教学楼）坐落在郑大南校区的东南方向，建于 1956 年，建筑面积 5489 平方米，当年建筑造价 27.5 万元，整体设计为苏式建筑风格，高 3 层，平面呈 "H" 型，两端分别向前、后延伸，左右前后对称。外立面由檐部、墙身、勒脚三段式构成，方门方窗，室内空间较高，形式规整，墙体宽厚，流线型红色坡顶，灰墙白窗，色调协调，整体布局相互照应，给人以厚重感。

5 号教学楼

5 号教学楼（东侧面）

　　该楼建成后一直作为物理系教育教学及实验用房。内设大学物理国家级教学示范中心、教育部材料物理重点实验室、河南省虚拟仿真实验中心、河南省量子功能材料技术研究中心和物理学院（微电子学院）等教育科研平台。我国首批从事宇宙射线、高能物理和核物理研究的物理学家霍秉权曾在这里研制"双云室"宇宙线探测器，为开创我国宇宙线物理研究和发展核物理研究做出了积极贡献。国际华人物理学会会长杨炳麟教授曾在此创建河南省基础及应用科学研究所，为我国物理学人才培养做出了巨大贡献。

2018 年被郑州市人民政府列为《郑州市第一批历史建筑保护名录》（NO.ZZ002），2021 年被河南省人民政府公布为第八批文物保护单位建筑之一。

5 号教学楼

（正门）

5 号教学楼

（西侧门）

5. 生物楼
（6 号教学楼）

　　生物楼（6 号教学楼）建于 1956 年。建筑面积 5177 平方米，是郑大南校区首批落成的建筑之一。2018 年被郑州市人民政府列入《郑州市第一批历史建筑保护名录》（NO. ZZ003），2021 年被河南省人民政府公布为第八批文物保护单位建筑之一。

6 号教学楼

该建筑整体青砖红瓦。墙体是砖混结构。屋顶是木质结构。红色坡顶长桥卧波，线条流畅。屋檐向四周外延，既古朴端庄又大气恢宏，典雅高贵又自然灵动。楼栋内部空间较高，墙体厚重，门窗适中，冬暖夏凉。

6号教学楼原设计为生物楼，1973年以前曾作为学校行政办公使用，财务处、保卫处、审计处等单位都曾在此办公。随着1号教学楼（行政办公楼）建成投入使用，行政机构搬出此楼后，6号楼先后由物理系、国际教育学院等单位教学及管理使用，为郑州大学人才培养、科学研究等做出重大贡献。

多年来，学校对此楼给予精心维护与不断修缮，现在仍以修旧如旧的姿态展现在郑大学子面前。楼房四周葱郁的梧桐苍翠遮天，整栋楼在浓荫下若隐若现，与四周建筑群相应和，尽显古朴大方之美。

6号教学楼
（正面）

6号教学楼
（侧面）

6. 老化学楼

███████ **(7 号教学楼)**

老化学楼（7 号教学楼）坐落在郑大南校区理科院的东偏北方向，坐北朝南。左前方是北物理楼，右前方是生物楼，后边是小礼堂，左边与学习堂相望，右边与校医院隔路相邻。该建筑建于 1956 年，建筑面积 4400 平方米，当年建筑造价 22 万元，整体设计为苏式建筑风格，高 3 层，平面呈"H"型，两侧分别向前、向后延伸，左右对称。该栋楼的建筑外观至今仍保持着四面红色坡顶，红砖勾缝墙体的原貌。60 多年来，这栋教学楼一直作为化学系办公与教学科研使用。

7 号教学楼

7号教学楼
（西侧面）

7号教学楼
（正门）

吴养洁院士自进入郑大工作以来，一直在此楼工作，他带领的科研团队扎实奋进，取得了大量的研究成果，培养了大批优秀人才。1978 年他因"萘氯化水解法制甲萘酚"研究成果应邀出席全国科学大会并获得全国科技工作先进个人称号。

2003 年，75 岁的吴养洁当选中国科学院院士，成为河南省高校培养的第一位"本土"院士。吴养洁院士在物理有机、金属有机与大环化学等方面取得了系统性和创新性重要研究成果。1996 年建立了河南省高等学校应用化学重点开放实验室。中国科学院院士丁奎岭（1985 届毕业生）、席振峰（1989 届毕业生）、中国工程院院士刘中民（1983 届毕业生）、加拿大皇家科学院院士李朝军（1983 届毕业生）等都曾在此学习工作，还有很多优秀毕业生均已成为化学领域的领军人物。

此楼 2018 年被郑州市人民政府列为《郑州市第一批历史建筑保护名录》（NO. ZZ006），2021 年被河南省人民政府公布为第八批文物保护单位建筑之一。

吴养洁院士在实验室工作

化学系 1982 级校友捐赠纪念石

7. 新化学楼

（8 号教学楼）

　　新化学楼（8 号教学楼）坐落在郑大南校区理科院的东北方向。该建筑建于 1959 年，建筑面积 5288 平方米，当年建筑造价 26.5 万元，整体建筑风格是苏式建筑和中式建筑风格相结合，高四层，中间高两侧低。平面呈"H"型，两头分别向前、向后延伸，内部结构与其他苏式建筑相同。建成后一直作为化学系教学及科研使用。2018 年被郑州市人民政府列为《郑州市第一批历史建筑保护名录》（NO. ZZ005），2021 年被河南省人民政府公布为第八批文物保护单位建筑之一。

8 号教学楼

8 号教学楼
（正门）

化学系 1986 级校友
捐赠文化石

　　多年来，在该楼工作的专家、教授为河南省各条战线培养了大批优秀人才，获得了多项科研成果，教学科研与生产实践相结合，为国家经济建设、社会发展和人民身体健康做出了突出贡献。嵇耀武教授研制的"都可喜"及其原料药二甲磺酸阿米三嗪、萝巴新，经国家卫生部新药审评委员会审评通过，并于 2000 年 1 月 13 日颁发了新药证书。郭彦春工程师主持完成的"盐酸氟桂嗪合成新工艺"1991 年获国家科技进步三等奖，并在河南淅川制药厂试用，取得了良好的经济效益。任翠萍教授研制的"钛白粉工艺"1988 年获河南省"黄河杯奖"、1991 年获全国科技成果交易会优秀奖。

8. 文科楼
（14 号教学楼）

　　文科楼（14 号教学楼）坐落在郑大南校区文科院中心，坐南朝北，位于中轴线上。其西北侧是逸夫楼和 17 号教学楼，东北侧是八角楼（16 号教学楼）。西南是宽阔的草坪景观带，东南是篮球场。该建筑建于 1959 年，建筑面积 12 600 平方米，当年建筑造价 63 万元。2018 年被郑州市人民政府列为《郑州市第一批历史建筑保护名录》（NO.ZZ008），2021 年被河南省人民政府公布为第八批文物保护单位建筑之一。

　　整体设计中间高两侧低，主楼为 6 层，两侧为 5 层，砖混结构。传统中式建筑风格与苏式建筑风格相结合，线条流畅，前后左右对称，结构整体显得厚重坚固、庄严大气。门厅方正，空间宽敞，前后各设门厅和雨篷，中间大厅南侧设楼梯，二楼挑空，内部廊道宽敞明亮，楼顶为平顶出檐。

14 号教学楼
（南门）

14 号教学楼
（北门）

1959年建成后一直作为文科教学及办公使用，内设中文系、历史系、政治系等单位。1980年以后先后增设哲学系、法律系、新闻系等。

首任校长嵇文甫，原历史系主任戴可来，著名语言学家、原中文系主任张静教授，文艺心理学创建者鲁枢元教授等专家在这里授课。陈全国、吉炳轩等一大批杰出校友从这里走出。

2004年学校主体搬往主校区后，相关院系也逐渐搬离。之后国际学院、法学院法律硕士班、《美与时代》杂志社曾在此教学、办公。2015年至今，书法学院、中原历史与文化研究院在此建院发展。该楼承载了郑州大学厚重的历史记忆。

14号教学楼

（侧面）

14号教学楼

（内部）

9. 文科教学楼

▮▮▮▮▮▮（15 号教学楼）

文科教学楼（15 号教学楼）坐落在文科区东北角，北大门左侧，竣工于1983 年。总建筑面积7375 平方米，整体6 层，局部7 层。

建筑通体为砖混结构，外墙为白色干粘石，线条流畅，层次分明，门厅独立，雨篷宽阔，方正规矩，简约明快。内设一部电梯，步梯绕电梯旋转而上下，呈"凹"形包围。登上台阶，可见室内米黄色水磨石防滑地坪光洁明亮。走廊宽敞，二楼与16 号教学楼长廊相连，高低错落有致。

15 号教学楼

15 号教学楼侧面

　　15 号教学楼主要用于文科区教学，1985 年图书馆学系创建后在此办公多年。原法律系、经贸系也曾在该楼办公。后来法律系迁往教 14 号楼，经贸系并入商学院。

　　目前，该楼教室经改造后作为普通教室和书法专业学生专用教室。

10. 八角楼
（16 号教学楼）

　　八角楼（16 号教学楼）坐落在文科院东北方向。主门朝南，与 15 号教学楼长廊相连，与逸夫楼隔路相望。该建筑建于 1982 年，平面设计为八角形，朝西和朝南方向两角开门，建筑面积 2950 平方米，当年建筑造价 98 万元。2021 年被河南省人民政府公布为第八批文物保护单位建筑之一。楼高 3 层，整体设计风格突出我国传统建筑特点，融合了西式建筑之景，造型别致，形式独特，结构合理，通风采光效果好，立体空间强，整体建筑古典韵味浓郁，可谓是当代建筑中的典型代表，具有较高的观赏价值、艺术价值和使用价值。该楼以中间公共设施为中心，呈莲花状向四周伸展出四间阶梯教室，共 12 间，可容纳 1500 名学生同时上课。

16 号教学楼及连廊

16 号教学楼（侧面）

　　1999 年被教育部批准为"国家大学生文化素质教育基地"专用

教室，该基地为全国首批 32 个基地之一。

11. 外语楼
▇▇▇▇（17 号教学楼）

外语楼（17 号教学楼）坐落于郑大南校区北门西侧，逸夫楼北侧，与 15 号教学楼东西相望，呈对称布局。该建筑竣工于 1983 年，建筑面积 7375 平方米。

17 号教学楼

17 号教学楼
（东门）

17 号教学楼
（侧面）

外语楼的外观呈青灰色调，庄重大气，墙体是砖混结构，屋顶是木质结构。楼栋一共有7层，建筑层面较高，墙体厚重，冬暖夏凉。

该楼建成后，长期作为外语系办公教学使用，2004年外语系主体搬往主校区后，该楼用于远程教育学院录播室和国际学院实验室。

12. 电子综合楼
（18 号教学楼）

电子综合楼（18 号教学楼）为原郑州大学电子综合实验楼，位于学校文理院主干道交叉口东南侧，楼西为田径场，楼南为体育馆，楼北则是开阔的草坪景观。该建筑建于 1991 年，主体 9 层，局部 11 层，总投资 946 万元，总建筑面积 16 735 平方米，是一座集教学、实验、科研、办公为一体的多功能建筑。

18 号教学楼（北）

18 号教学楼（南）

　　该建筑设计合理，造型新颖，总体呈青灰色调，墙体砖混结构，较为厚重，建筑层高较高，符合"实用、经济、美观"的设计原则。该楼建成之后，由郑州大学计算机科学系和电子工程系（后合并为信息工程学院）作为综合教学实验楼使用。同时，楼顶有学校电视信号发射塔，是南校区楼层最高建筑。

2004 年信息工程学院迁往主校区后，此楼主要为新成立软件学院教学办公用房。目前，河南省大数据研究院、河南省超级计算中心、地球科学与技术学院三家单位在此办公。

18 号教学楼
（侧面）

18 号教学楼
（正门）

13. 工科教学楼

████████ （19 号教学楼）

工科教学楼（19 号教学楼）竣工于 1992 年，当时郑大在文理科的基础上创办工科，为此建设工科教学楼，现在为综合性教学楼。19 号教学楼由东南大学建筑设计研究院设计，由河南第五建筑工程公司施工承建。坐西向东，楼高为 5 层，建筑平面布局呈"U"型，正面看中间顶部高于四周，大门上的房檐独具特色，是一个突出的"三角形"。楼内网络、监控、投影等教学设施完备，大中小教室及阶梯教室一应俱全，可以满足自习室、公共课教室、专业课教室、学生班级联谊活动、课程结业考试、CET 考试、普通话考试、研究生考试等各种需求，为多功能综合教学楼。

19 号教学楼

19 号教学楼（正门）

　　19 号教学楼坐落在郑大南校区东门中轴线广场西面，左侧为图书馆，与 20 号教学楼东西相望，门前是宽敞的广场。

　　该楼是钢筋混凝土框架结构，外墙贴红白瓷砖，将墙体装饰得美观大方。红色的瓷砖仿佛古代画中的"丹"，大量的白色又仿佛"留白"，建筑中心的幕墙蓝色玻璃，仿佛是"青"，再加上建筑周围的翠绿点缀，这栋建筑恰似一副优美的山水画！

14．建工实验楼

██████████（20 号教学楼）

　　建工实验楼（20 号教学楼）由机械电子工业部第四设计研究院设计，建于 1994 年 6 月，建筑面积 7300 平方米。20 号教学楼坐落于郑大南校区理科院中心位置，坐东朝西，周围绿树成荫、浓翠蔽日，门前有两处以大门为中心对称的花圃，建成后建工学院在此办公。2000 年三校合并后，建工学院建筑学专业和土木工程专业相继搬往北校区，新组建的材料学院和旅游管理学院在此办公。2004 年学校主体搬主校区，使用功能改变，经过多次调整，目前一层由材料学院使用，二至五层由音乐学院使用。一层北侧的河南省先进尼龙材料及应用重点实验室和南侧的绿色水泥基材料实验室为学校重要的科研基地，产生了郑州大学在材料领域的标志性成果。

20 号教学楼

　　20号教学楼背靠1号楼，南边是23号楼，北边是图书馆，并与19号教学楼东西相望。夜幕降临，20号教学楼门前灯光华丽，与屋檐上、楼梯上的条形灯交相辉映，具有层次感又彰显着音乐学院艺术殿堂的气质。进入门厅就可以看到多层的平行双跑楼梯，内部有琴房、舞蹈教室、音乐理论等专用教室，小型演奏厅、资料室、DVD欣赏室、MIDI室等，配备有完备的教学设施。

　　音乐学院在此培养了一批又一批音乐、舞蹈人才。现有教育部中华优秀文化传承基地——中国皮影教学与研究基地、郑州大学音乐考古研究院、郑州大学树建戏曲研究中心、郑州大学彭家鹏中国歌剧研创中心等研究机构。

20号教学楼（侧面）

音乐学院
上课实景

建工学院 1993 级
校友捐赠纪念石

15. 机械楼
（21 号教学楼）

　　机械楼（21 号教学楼）位于郑大南校区的偏南方向，建于 1998 年。该楼主体 6 层，局部 7 层。建成后，为新创建的机械系使用，新郑大成立后，机械系与原郑州工业大学机械系合并，后搬往主校区。目前，该楼一、二层为河南省激光与光电信息技术重点实验室和郑州大学复合材料设计与应用研究所，三层为郑州大学干部培训中心，四、五层为公共管理学院 MPA 教育中心，六层为郑州大学廉政研究中心，系集科研、教学、办公为一体的综合楼。

21 号教学楼

该楼位于理科区篮球场北侧，与西侧体育馆相邻。南看，可欣赏师生们在篮球场上肆意挥洒汗水的身影，北望，是开阔的图书馆门前广场。

21号教学楼
（远景）

21号教学楼
（近景）

21 号教学楼
（北门）

21 号教学楼
（内部）

　　21 号教学楼建筑设计属钢筋混凝土框架结构，建筑面积 7000 平方米，外墙贴有白色瓷砖，另有蓝色瓷砖线条装饰，整体建筑风格简约大方。因该楼最初建造时为机械楼，所以楼体的设计、结构及外观简洁、严肃、大气，俯视造型仿佛大写字母"L"。楼的正门处设有文化石，上书"立学为公，泽润生民"八个大字。

16. 化工楼

（22 号教学楼）

　　化工楼（22 号教学楼）建于 1999 年。钢筋混凝土框架结构，共 7 层，建筑面积 8600 平方米。外墙主体贴有白色瓷砖，部分蓝色瓷砖作为线条点缀，整体风格简洁大气。该楼位于 21 号教学楼东侧，北面与 20 号教学楼相邻，南面与 23 号教学楼相望。楼前的青翠草地上高大的松树苍劲有力，象征着一代代学子那坚韧、倔强的刻苦钻研精神。一片片"爬墙虎"覆盖的墙体象征着科技工作者们勇于攀登的精神，夏季碧绿、秋季金黄，四季将 22 号教学楼装点得犹如一幅美丽的画卷。

22 号教学楼

此楼为当时创办的化工系而建，新郑大成立后化学系与原郑州工业大学化工系合并，并搬往主校区。目前，郑州大学高温功能材料研究所、河南省高温功能材料重点实验室、郑州市新型耐火材料创新中心等科研场所，主要作为科研和实验使用。钟香崇院士曾在此办公，作为高温材料首席科学家为我国的高温材料行业做出贡献。目前化学学院赵玉芬院士实验室也设在此楼。

22 号教学楼
（侧面）

22 号教学楼
（正门）

钟香崇院士塑像

17. 物理科研楼

（23 号教学楼）

　　物理科研楼（23 号教学楼）由郑州工业大学综合设计研究院设计、郑州建筑有限公司承建，建于 2001 年。建筑面积 9420 平方米，总投资 1200 万元，整个建筑平面呈"L"型，建筑高度为 28 米，共有 7 层。

　　由霍裕平院士主持建设的材料物理教育部重点实验室在此建成后搬入此楼。

23 号教学楼

23号教学楼（正门）　　霍裕平院士

1996年，中国科学院霍裕平院士来到郑州大学任教，他亲自将凝聚态物理学科调整为材料物理学科，建设以研究铝合金为主的金属物理方向，开启了中国首个超导托卡马克 HT-7 的建设，为等离子体聚变研究事业开拓了先河，为中国磁约束聚变研究走向世界前沿打下了坚实基础。他所研究的高温等离子体的物理变化过程，促使聚变裂变混合堆纳入国家高技术发展规划，首次系统地解释了稀土离子对铁磁共振的影响，推动中国相关领域的研究达到国际领先水平。

二　礼堂场馆

　　南校区礼堂场馆是学校一道靓丽的风景，以其独特的建筑设计外观和特有的功能呈现在师生面前。这些建筑是学生身心健康和校园精神文明建设的重要活动载体。

　　礼堂场馆具有润物细无声的育人功能、沟通功能、展示功能、健体功能、传播功能、娱乐功能和社会化服务功能等，对全面提升师生综合素质，加强学校院系部门交流及社会交往，提高师生参与各项活动的积极性和主动性，具有独特魅力，对师生的学习、生活、工作起着强大的潜移默化的影响，对促进学校人才培养和文脉传承具有十分重要的作用。

　　学校高度重视礼堂场馆的建设工作，目前学校一些礼堂场馆已成为学校的标志性建筑，同时也是学校对内对外展示的重要窗口，更是历届校友印象最为深刻的记忆。

1. 小礼堂

小礼堂坐落在郑大南校区理科院，坐东朝西。该建筑建于1982年，建筑面积1000平方米，通体为一层平面建筑，属砖木结构。建筑设计理念与周边绿植相协调，与南北两侧20世纪50年代的苏式建筑相呼应，具有中外传统建筑风格相结合的特点，通过点、线、面有机结合，达到古朴典雅、简洁明快的效果。粉红色的外墙与流线型的红色坡顶相互映衬，精巧别致，文雅大方，在门前苍劲松树的映衬下，形成一幅精致的风景画。室内会议大厅、主席台、小型会议室及附属设施齐全，功能区域分明，结构布局合理。内部空间的背景幕布、窗帘、吊顶、灯光、桌椅等有机结合，相辅相成。

小礼堂

小礼堂是学校文化及学术的交流中心。1991 年 2 月，时任中共中央总书记江泽民来校视察指导工作，在这里与师生座谈。著名科学家姚建铨、胡济民、陈景润等曾在这里讲学。上级领导视察、学校重大会议、贵宾接待等活动多在此举行。小礼堂已成为学校具有历史价值和文化价值的重要标志性建筑，2021 年被河南省人民政府公布为第八批文物保护单位建筑之一。

小礼堂
（侧面）

数学家陈景润
来校讲学

化学系 1983 级
校友捐赠纪念石

化学系 1985 级
校友捐赠纪念石

2. 学习堂

学习堂坐落在郑大南校区东门北侧，坐北朝南，东临郑州市大学北路。该建筑建成于 1986 年，建筑面积 3960 平方米，当年建筑造价 256 万元。平面设计为矩形，外立面整体方正，属于单层砌体承重跨度空间结构。目前是郑州市第二大标准化礼堂。

学习堂广场宽敞开阔，精致水磨石铺地。广场左右两侧迎客松四季常青，庄严肃穆。学习堂外墙体为白色瓷砖幕墙，蓝色线段勾勒，整洁雅致。幕墙上方镶嵌着三个金色大字"学习堂"，系 1986 年时任中共中央总书记胡耀邦题写。屋顶为平顶浇铸。

拾级而上，门厅是一个矩形开阔厅堂，花灯高悬，蔚为壮观。门厅左右两侧设立轻巧旋梯，通达二楼观众席。进入礼堂内部，顿感豁然开朗，文化与艺术气息令人陶醉。宽大的舞台，成排的专业灯光和音响，这里能够接待各类演出、会议以及电影放映活动。观众席分上下两层，可容纳观众 1800 余人。幕墙、化妆室、贵宾室等各功能区应有尽有，功能齐全。

学习堂是南校区各类大型活动的重要举办地。主校区建成之前，学校重大会议、学生开学和毕业典礼、节庆联欢、学术论坛、文化交流、电影放映都在这里进行。著名作家姚雪垠、二月河，诗人贺敬之等都在此讲学，著名艺术家常香玉、张瑞芳、陈强、田华、阎维文等也曾在这里为师生演出，一场场精彩的文化盛宴给师生们带来极大的精神享受，丰富师生文化生活，陶冶思想情操。20 世纪八九十年代，这里经常组织周末电影放映，是师生每周必到的打卡地。门前广场举办周末舞会，人头攒动，舞姿翩翩，是师生交谊舞、广场舞的理想场所。学校主体迁往新校区后，这里仍然是师生各类活动的重要阵地，论坛、报告会、高雅艺术进校园等活动不断，成为郑州市为数不多的大型室内场馆之一。

2021 年学习堂被河南省人民政府公布为第八批文物保护单位建筑之一。

学习堂（内部）

3. 图书馆

　　图书馆坐落在郑大南校区理科院中心，南邻 19 号和 20 号教学楼，隔广场正对南大门。该建筑建于 1996 年，高 32.27 米，共 7 层，建筑面积 18 000 余平方米。

图书馆（正门）

图书馆（1996 年）

　　1996 年 2 月 24 日，时任省委书记李长春来校调研时，视察了新建图书馆大楼建设工地。1998 年 6 月 26 日，学校举行隆重的开馆典礼，新馆建设成为郑州大学"211 工程"建设活动的一项重要内容。

　　一楼理工书库，二楼文艺书库和现刊阅览室，三楼社科书库，四楼古籍书库、古籍阅览室和综合书库，五楼中文过刊室，六楼外文过刊室。

2009年6月，南校区图书馆被文化部批准授予第二批"全国古籍重点保护单位"，南校区图书馆在校园文化建设中正在发挥着重要作用。

图书馆
（内部）

图书馆
（侧面）

4. 体育馆

体育馆坐落在南校区理科院的西南部，西与体育场相邻，东与篮球场相连。建于 2003 年，建筑面积 6000 平方米，场馆高 23 米，比赛场高 13 米，是南校区标志性建筑之一。场馆设计吸取了中国传统理念，体现了四面围合的建筑特点，通体呈八角形，主体结构为三层框架，顶部为空间网架结构，周围是钢混框架结构，起到了内外通透的视觉效果。

体育馆

体育馆（内部）

　　场馆外部银灰色的主调与深蓝色的玻璃相互映衬，映射出人们置身于体育锻炼、强身健体的良好氛围，构成了丰富宽敞的运动空间，隐喻着郑大文化、拼搏精神以及人与自然和谐共存的内涵，预示着郑大光明美好的未来。

　　内设音效系统、空调系统、消防系统、自动报警及联动控制系统等。馆内设计错落有致，层次丰富。运动区、休息区、生活服务区分布合理，能满足不同赛事的需求。可以说是一个富有活力和充满个性特色的场馆。运动场内主席台位于场馆西侧，四周看台共有2980个座位，属中小型体育馆。座位用不同的色调分割，给人带来便捷与愉悦的感觉，体现明快舒适的室内环境。

　　场馆具有多功能性。整体设计科学，造型别致，形式独特，结构合理，通风采光效果好，立体空间强，给人以简约、朴素、大方之美感。具有较高的视觉价值、艺术价值和历史文化价值。在满足学校及社会体育赛事的同时兼顾学校师生文艺演出和学术报告等活动。全国东西南北中羽毛球大赛、"帝豪杯"全国羽毛球大赛、河南省第十七届国际标准舞锦标赛、郑州市第九届"百万妇女健身活动"展示大赛先后在这里举行。体育馆目前已成为郑大南校区的建筑名片。

5. 体育场

体育场位于郑大南校区理科院西南，南、西相邻校内西生活区，东边与体育馆相对。体育场建于 1995 年，总建筑面积 6946 平方米，体育场主席台坐西面东，观众席可容纳上万名观众。

体育场

体育场四面围合，中间场地功能齐全，是集公共体育课、体育赛事、文艺活动、师生健身为一体的综合型体育场。场内中心足球场绿莹莹的草坪四季常青，400 米塑胶田径标准跑道，红色的跑道上大学生们曾书写出"更快、更高、更远"的青春华章。看台下方设有体育教研室、老干部活动室、健身房、淋浴室等公共设施。除了满足师生日常体育教学外，其他时间用于师生及社区群众健身、比赛、演出等文体活动，从而有效提高了场馆的利用率。2000 年 11 月，飞利浦中国大学生足球联赛河南赛区比赛曾在这里举行；2004 年著名歌手梁静茹在这里举办了个人歌友会。学校每年的春季运动会、新生军训等活动皆在这里举行，一代代的郑大学子在这里挥洒青春的汗水。此外，为了方便周围群众进行体育锻炼，体育场在固定时间面向社会开放。每到早晨和傍晚，操场上渐渐沸腾起来，有的弯弯腰伸伸腿，有的动动手抖抖肩，个个争做健康的幸福人。

郑大南校区体育场不仅在增强学生身体素质、缓解学生生活压力、提高学生团队精神、增加学生竞争意识等方面发挥着重大育人作用，同时也为全民健身运动发挥着重要作用。

6. 逸夫楼

逸夫楼是由著名企业家、慈善家邵逸夫先生捐款建设。该楼坐落在郑大南校区文科院北门口附近，东与八角楼相对，南邻文科楼（14 号教学楼），北邻外语楼（17 号教学楼）。该建筑竣工于 1996 年，建筑面积 4523 平方米，是学校标志性文化建筑之一。

逸夫楼

逸夫楼
（侧面）

逸夫楼
（南门）

　　逸夫楼建筑主体4层、局部2层，外观造型新颖、独特、错落有致，富有变化，并考虑了和周围环境的协调，整体色彩淡雅、明快，主入口突出，美观大方。室外环境设计充分考虑了周围整体建筑布局和设计，以水平绿化为主，周围以大面积四季常青草坪映衬楼体，草坪中设置弯曲的大理石面小路，室内庭院设不规则混凝土仿木桩，取"百年育人"之意。

　　使用之初，根据学校教学和工作需要，按使用功能分为两大部分：一是用于会议接待和学术交流，包括接待室、多功能演讲厅、学术报告厅，位于一层东部，设主入口（东入口）；二是用于教学和科研，包括外语语音室、计算机室、外报外刊阅览室，分布于西部及二至四层，设次入口（西入口）。后来，随着学校的发展和主校区建设，部分功能发生了变化。目前一部分作为远程教育学院的办公、教学场用，另一部分为河南省高等学校信息网络重点学科开放实验室，是集科研开发和高水平信息网络人才培养为一体的科研基地，为河南省信息化和经济建设服务。

逸夫楼的建成和使用充分体现了邵逸夫先生的爱国精神。逸夫楼良好的设备条件、优雅的环境、科学的管理为郑州大学的人才培养起到了积极推动作用。计算机强化中心、外语强化中心、素质教育中心大大改善了当时学校的教学条件，特别是对提高非计算机专业、非外语专业学生的计算机应用水平、外语听说水平起到了重要作用。河南省开放网络实验室，积极参与全球下一代互联网关键技术的研究，完成一批高水平的科研项目，使我省在国内外网络研究领域占有一席之地。

逸夫楼报告厅

三　公寓餐房

　　公寓餐房是校园重要建筑楼群，这些建筑不仅是学生生活、休息的地方，同时也是学生思想交流、素质培养的重要活动场所。被师生们称为"第一社会，第二家庭，第三课堂"，对学生的身心健康及成长成才具有十分重要的促进作用。

　　多年来，学校高度重视公寓餐房的硬件提升，食宿条件不断改善，力求为学生提供一个更安全、更方便、更实惠、更舒适、更有归属感的学习生活环境，营造出良好而高品质的文化氛围，硬件设施、服务水平以及文化环境的营造等齐头并进，意在让每个学生在这个氛围中思考、碰撞、理解和感悟，达到净化心灵、升华人格、完善自我之目的。

　　目前南校区公寓餐房可为 12 000 余名师生提供安全舒适的生活保障，从而有效地服务了学校教育教学与科研工作。其中东苑餐厅和园中苑餐厅分别被河南省教育厅评为标准化餐厅，2021 年，学宿 8 号楼和学宿 9 号楼分别被河南省政府公布为省级文物保护单位建筑。

1. 干部培训中心公寓楼

干部培训中心公寓楼位于郑大南校区理科院东北，由原学生宿舍楼（学宿1号楼）改造而成。该楼竣工于1998年，建筑面积5300平方米。为砖混结构，呈"一"字形，楼正面有东、西两个大门，增添了建筑的美观与灵动。建成伊始，为女生住宿楼，与学宿2～7号楼和楼西侧的园中苑餐厅共同组合成完善的理科学生住宿区。

干部培训中心公寓楼

2004 年，河南省委组织部在省内的
五所高校设立干部培训基地，郑州大学
分部（干部培训中心）设在南校区，根
据相应的工作安排，对该楼内部及周边
进行整修，并加装了电梯，改造成供培
训学员住宿的公寓。现在公寓楼楼前高
大的梧桐树遮天蔽日，楼后婆娑的竹林
摇曳生姿，楼南侧的银杏林，四季展现
不同的美丽色彩，环境清幽，为培训学
员营造了良好的居住环境。

自 2004 年以来，干部培训中心依
托郑州大学学科和师资优势，承担了省
委组织部安排的市厅级、县处级领导干
部和各地市选派干部的培训工作，并开
展各类中高级管理人才和各类专业技术
人才的培训。公寓楼为学员们提供了整
洁、安静、温馨的住宿环境，与大学生
们在校园内同吃、同住、同学，满足了
各类学员培训的需求，在此可以实现体
验或重温大学生活的夙愿。

干部培训中心公寓楼（侧面）

2. 西一楼、西二楼

西一楼、西二楼（青年教师公寓）位于郑大南校区东南侧，南临桃源路。这两幢建筑始建于20世纪50年代，楼体坐南朝北，为三层砖混结构，西一楼东西长约58米，西二楼东西长约67米，南北宽均为13米，呈"一"字形。楼内长长的走廊状如筒子，故又名"筒子楼"。

西一楼

西一楼、西二楼最早是青年教职工宿舍，大家又亲切地称它们为东、西单干楼，许多后来成为知名学者的老师年轻时都在这里住过，筒子楼的生活，已经成为老师们珍贵的记忆。西一楼、西二楼各层均有一条狭长的走廊贯穿东西，串起两边的单间房，每个房间面积均等，有十几平方米，房间里架一张床，放一张书桌、一个衣柜、一台缝纫机、一辆单车，剩下的活动空间就很小了。每家房间门口都会支起一个蜂窝煤炉（20 世纪 80 年代后期开始使用煤气罐），摆放一个小橱柜，厕所和水房是共用的。在这样的环境中，每天下班后，家家户户都在自家门口的走廊里演奏出"锅碗瓢盆交响曲"，享受生活的乐趣，品味着家的感觉。

西二楼

　　时间进入 20 世纪 90 年代，随着住房制度的改革，教职工的住宿条件日益得到改善。西一楼、西二楼的房间因其面积过于狭小，已经不符合时代的要求，1999 年，学校研究决定实施"西一、西二筒子楼改造工程"，南北两侧分别加宽 1.9 米、2.8 米，外部增设阳台、卫生间，单间房改造成了 150 套一室一厅厨卫兼备的套房，命名为"青年教师公寓"。至 2017 年，西一楼、西二楼青年教师搬入了学校新建的楼房，青年教师公寓停止使用。

3. 学宿4号楼

学宿4号楼坐落在郑大南校区理科院内。

学宿4号楼

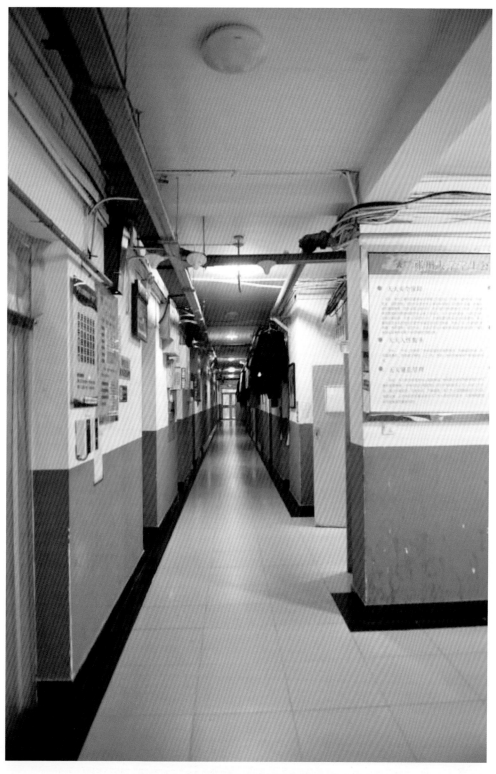

该建筑始建于 1978 年，建筑面积 4977 平方米，整体设计是双面五层，设有两个单元，通体为砖混结构，"一"字形布局，楼正面有一处大门，东、西两侧有消防通道。大门门廊与楼梯间的空间宽敞明亮，室内设施齐全，为标准化宿舍配置。建成伊始，为男生住宿楼，与学宿 1 号楼、学宿 2 号楼、学宿 3 号楼、学宿 5 号楼、学宿 6 号楼、学宿 7 号楼、干部培训中心公寓楼和楼西侧的园中苑餐厅共同组合成理科学生住宿区。楼内值班室、辅导员室、卫生间、洗脸间、洗衣房、排水及冷暖系统设施完好，功能齐全。为学生们提供了安静、卫生、舒适的生活、学习环境，现可容纳 1000 多名学生就寝。

学宿 4 号楼（内部）

4. 学宿 5 号楼

学宿 5 号楼坐落在郑大南校区理科院内，坐东朝西。

　　该建筑始建于 1978 年，建筑面积 4977 平方米，整体设计是双面六层，设有两个单元，通体为砖混结构，呈"一"字形，楼体外观清一色红色砖瓦。楼内宽敞明亮，功能齐全，值班室、辅导员室、卫生间、洗脸间、洗衣房、排水及冷暖系统设施完好，功能齐全。为学生们提供了安静、卫生、舒适的生活和学习环境。宿舍楼前休闲区小广场，成为同学们闲暇之余的娱乐健身场所。

学宿 5 号楼

　　该楼曾作为教师公寓楼使用，在学校招生规模不断扩大的 20 世纪八九十年代，近百名青年教师、行政人员在该楼工作、生活，楼道内做饭的灶具、水房里旋转的双缸洗衣机、人声喧闹的走廊和空气中饭菜的甜香，充满了那个年代特有的生活气息。如今无数当年的青年才俊都走上了重要的教学、科研和行政岗位。2000 年以后，随着教职工迁出，该楼逐步改造为学生宿舍。

学宿 5 号楼（内部）

5. 学宿 7 号楼

学宿 7 号楼坐落在郑州大学南校区理科院内，坐北朝南。前面是 4 号宿舍楼，后面是金水河绿化带，西边与 6 号宿舍楼并排。

学宿 7 号楼

学宿 7 号楼（侧面）

　　该建筑始建于 1978 年，系当代建筑风格，建筑面积 4977 平方米，通体为砖混结构，"一"字形布局，楼体红砖砌墙，不加外饰。楼正面有东西两个大门。进入室内，宽敞明亮，功能齐全，值班室、辅导员室、卫生间、洗脸间、洗衣房、排水及冷暖系统设施完好，功能齐全。为学生们提供了安静、卫生、舒适的生活和学习环境，可容纳 1000 多名学生就寝。这里有每天忙碌的学生们的身影，宿舍楼后的金水河也为学生们提供了闲暇之余的休闲去处。

6. 学宿 8 号楼

学宿 8 号楼始建于 1979 年，建筑面积 4977 平方米，当年建筑造价 50.5 万元，坐落在郑大南校区文科院内。与金水河相邻，与子产祠园相望，坐南朝北。前面是绿色草坪广场，后面是金水河绿化带，西边与学苑餐厅相望，东边隔路与 9 号宿舍楼并排。

学宿 8 号楼（南）

学宿 8 号楼
（侧面）

学宿 8 号楼
（北门）

　　此楼整体设计是双面五层，内廊式布置，简约而不简单，设有两个单元，共有 180 间房间，可容纳 1000 多名学生就寝。当年采用简洁、经济、合理、适用和安全的建筑技术。其风格既有当代大学生的生活方式又能展示时代气息，值班室、辅导员室、卫生间、洗脸间、洗衣房、排水及冷暖系统设施完好，室内窗明几净，居住功能齐全。为学生提供了安静、卫生、方便、舒适的生活环境。这是改革开放以后考入大学的郑大文科学生的住宿楼，给历年毕业的学生们留下终生难忘的印象。被河南省教育厅评为河南省普通高等学校"标准化学生公寓"。2021 年被河南省人民政府公布为第八批文物保护单位建筑之一。

7. 学宿 9 号楼

学宿 9 号楼坐落在郑大南校区文科院金水河旁，坐南朝北。前面是篮球、乒乓球等运动场。后面是金水河绿化带。西边隔路与 8 号宿舍楼并排，东边隔墙与省交通厅家属院相邻。

学宿 9 号楼（西）

学宿 **9** 号楼（西南）

　　该建筑建于 1979 年，建筑面积 4977 平方米，当年建筑造价 50.5 万元。整体设计是双面五层，设有两个单元，左右对称，给人以自然美的形象表征。银白色的瓷砖外墙与楼层间平行线条和周边的梧桐及植被相互映衬，显得既庄重大方又简洁明快。值班室、辅导员室、卫生间、洗脸间、洗衣房、排水及冷暖系统设施完好，功能齐全。

　　宿舍楼为历年毕业的学生们提供了安静、卫生、舒适的生活和学习环境，共有 180 间房间，可容纳约 1000 名学生就寝。被河南省教育厅评为河南省普通高等学校"标准化学生公寓"。2021 年被河南省人民政府公布为第八批文物保护单位建筑之一。

8. 接待服务中心

郑州大学接待服务中心坐落在郑大南校区文科区西南部的金水河畔，坐西朝东，独自成院，内部由住宿、餐饮、外籍教师公寓和子产文化研究院四部分组成。北邻子产祠园，南接体育场。

接待服务中心（主楼）

接待服务中心（院落）

　　接待服务中心楼群是在原留学生宿舍的基础上建设而成的。其主楼竣工于1993年元月，建筑面积约为1429平方米。建筑风格为中式风格，共有4层，正面镶嵌蓝色玻璃幕墙，屋顶上部砌砖，平顶周围砌有女儿墙。主楼的大厅是来宾接待区，内部构造宽敞大气，墙面呈米白色，并有蓝色线条点缀，简洁明快。后面庭院竹园郁郁葱葱，正所谓"门对千棵竹，家藏万卷书"。

　　主楼南部为客房，设置标准间和套房，一层大厅有会议室、报告厅、咖啡厅，功能齐全。主楼北部原为留学生宿舍楼，现在是研究生公寓19号楼，空调、散热器、通风机、床、柜等设施完备，充分满足学生生活所需。

　　院内有两座两层建筑，配置高、功能全，用于接待外籍专家，院内环境宜人，为专家们提供了良好的居住、生活条件。西边是餐厅，系二层建筑。正面为蓝色玻璃幕墙，门厅宽敞，现命名为"信阳食府"。东北角有一处三层小楼，造型别致，名为"小北楼"，现为学校"子产文化研究院"。专家楼、小北楼、食府等建筑楼群均为 1970 至 1971 年间建成。院内有多个方形和菱形花坛，绿植高低错落、疏密有致，四季花枝招展。中心的西南侧有网球场，是师生、宾客闲暇时健身娱乐的场地。

　　学校十分注重对外交流工作，改革开放后便着手外籍教师接待和留学生宿舍公寓的配套建设。中心主楼原"国际学术交流中心"良好的设施，在 20 世纪 90 年代为外国专家、学者和外籍学生提供了学习、交流的平台，餐厅食府、专家公寓楼又为外籍专家和学者提供了良好的生活服务保障，给曾经在这里学习和工作的外宾们留下美好印象，有效地促进了学校的对外交流工作。

9. 东苑餐厅

　　东苑餐厅坐落在郑大南校区理科院学生宿舍通往教学区的南北主干道边，坐西朝东，呈正方形，面朝化学实验楼、小礼堂，西面紧贴学生浴池，北邻学生宿舍区，南靠校医院门诊楼，建筑面积6000平方米，是目前南校区最大的餐厅。

东苑餐厅全貌

东苑餐厅（内部）

　　东苑餐厅建成于 2000 年，现代建筑风格，为钢筋混凝土框架结构，前面餐厅部分为 3 层，两端连廊连接后面办公区，中间为天井院。餐厅一、二层设就餐区、操作间和原材料准备区，三层为学生活动大厅。办公区一、二层为储备仓库，三、四、五层为办公室和学生活动室。餐厅正面两边廊柱支撑井架门廊，3 扇对称玻璃大门，宽敞明亮，两侧专设疏散通道。东南北三面外墙窗户镶嵌宽大透明玻璃，采光明亮，通风顺畅。从外观看，庄重典雅，恢宏大气。进入室内，宽敞明亮，功能齐全，该餐厅可同时供 1500 人就餐。

　　东苑餐厅前身为 20 世纪 50 年代建校时的大礼堂，在这里有第一到第三届校领导忙碌的身影，是学校召开全校师生大会和重大活动的场所。见证莘莘学子成长之路，也见证了六七十年代学校那段激情燃烧的岁月和学校建设发展的历史。80 年代后期礼堂改建为学生食堂，承担了上千名学生的就餐功能。无数校友们都对该食堂印象深刻，三分、五分的塑料和纸质饭票，记录着那个年代的故事。90 年代后期，随着学校实施旧房改造工程，食堂得以拆除，新建为目前的东苑餐厅。2018 年被评为河南省"标准化示范学生食堂"。

10. 园中苑餐厅

园中苑餐厅坐落在郑大南校区理科院北部，位于学生宿舍区进出口处，2000年9月建成并投入使用，建筑面积1523平方米。

园中苑餐厅

　　餐厅属钢筋混凝土框架结构，前厅后厨，呈东西走向。前面圆形大厅，设餐桌餐椅，可同时供300人就餐。大厅采用井字梁楼盖，中间没有柱子，开阔通透。外墙面采用大面积透明玻璃，采光充分。餐厅后面连接二层楼房，一层厨灶和操作间，二层为就餐房间。外观上，黄、红、紫配色，美观雅致。整个餐厅，科学合理，简洁明快。

园中苑餐厅（内部）

园中苑餐厅是在原有理科区食堂和竹园餐厅原址上建成的。原理科区食堂是建校后物理系食堂（为方便学生就餐管理，原学校伙食处按院系分配食堂，后来不再划分），一层食堂，二层为学生之家，学生之家作为学生重要的活动场所，改革开放初期，每到周末，都在此举办交谊舞会，斑斓的海报、动感的音乐、变换的彩灯，熙熙攘攘，热闹非凡，是学生、教工丰富业余生活之所在。

曾经，这里还举办一些小型演出、放映、会议等活动，知名音乐人浮克学生时代经常在此活动。原竹园餐厅以其门前两侧茂盛的竹林而得名，是当时校内唯一设有雅间的餐厅，主要接待学生或教职工小型聚会。随着学校招生人数增加，学生宿舍建设需要，1997 年原食堂、餐厅拆除，学生宿舍 3 号楼和园中苑餐厅启动建设，新餐厅的建成，大大改善了学生的就餐条件。

四 门廊山水

门廊山水是校园文化的重要组成部分，是学校文明程度的重要标志，是一种精神载体、精神氛围和精神力量，是"学园""乐园"和"家园"。通过文化氛围，使师生在美中生活，在乐中求知，在愉悦中实现身心健康发展。

为此，学校十分重视校园门廊山水文化建设，投入了专项资金从校园环境、整体格局、人文景观、文化设施等方面合理布局。位于大学路上的东大门和位于中原路上的北大门，既庄重威严又和谐自然。在古老美丽的金水河畔挖出了人工湖，打造了假山，修建了拱桥和静心亭，种植了不同的树木和花草植被，目前绿树成荫，山清水秀，环境宜人。正如宋代诗人黄裳笔下的"高下亭台山水境，两畔清辉，中有垂杨径"，已形成了校园文化的传播载体和环境育人的物质基础。学校东大门、北大门2021年分别被公布为河南省第八批文物保护单位建筑。

1. 东大门

郑大南校区的东大门位于郑州市大学北路75号。郑州市二七区主干道大学路便是以郑州大学的创办而命名。1956年东大门为简易木质门，两侧是篱笆墙；1962年按原建校初期设计的图纸改建为钢筋混凝土方柱和金属门，并在两侧修建了配房。

2022年"五一"时的东大门

东大门老照片

　　东大门建筑面积102平方米，大门宽度22米。东大门的建筑特点是开放、简约、明快、大方，设计上追求最大程度的开放，属空间型大门，直观传递着空间区域的内外信息，设计呈双"11"型，紫红色方柱高低相称，中部独立的巨型方柱高4.5米，两侧方柱高3.5米，顶部设有球灯，将大门通道自然分割成机动车道、非机动车道和人行通道。两侧配房对称，设有门卫室、传达室。有安保人员昼夜承担着学校出入安全防范和信息传递的使命。铁红色配房平顶出檐，房檐下四角阶梯式层层相叠支撑，周边白色线条流畅，具有独特的艺术效果。

　　大门环境虚实相映，沉稳的紫红色彩，给人以庄重、大气的感觉，现已成为郑州市二七区大学路上的标志性建筑。2021年被河南省人民政府公布为第八批文物保护单位建筑之一。

2. 北大门

郑大南校区的北大门位于中原东路103号。北大门建于1984年，建筑面积106平方米。大门宽度24米，高6.5米。设置机动车道、非机动车道和人行通道，穿行空间、过渡空间和防御空间，功能布局合理。

北大门

北大门的建筑特点是布局庄重，挺拔高大。四组八根白色圆柱与横梁榫槽式结合，支撑着一个巨大的门庭，构成了大门的主体，银白色柱子上紫红色的横梁，配以顶檐上两道咖啡色平行线，给人以稳重、大方、文雅、通透的艺术感觉，左右两侧对称的配房与大门相搭配，既隔又联，既分又合，相互渗透，相互延伸，融为一体，在法桐背景的映衬下，将郑州大学浓厚的历史文脉完美地展现出来。营造了高等学府大门既严肃又活泼的氛围，体现出郑大深厚的文化积淀和历史认同感，北大门已融入郑州市中原路街道景观之中。学校大门是一种建筑标志符号，也是一种建筑文化，其个性是不可复制与再生的历史资源。

2018 年被郑州市人民政府列为《郑州市第一批历史建筑保护名录》（NO. ZZ009），2021 年被河南省人民政府公布为第八批文物保护单位建筑之一。

3. 金水河桥

　　金水河是郑州最古老的河流，距今已有 2500 年历史，由西向东从市区的中心穿行而过。金水河有着美丽的传说，它的命名和中国古代郑国丞相子产的政治清明息息相关。春秋时期著名政治家子产在 20 年的执政中励精图治、廉洁奉公，全心全意为民办事。为纪念子产，人们在金水河畔建立了子产祠园。金水河从郑大南校区穿行而过，将学校分成两部分，北岸由于是文科院系在此办学，通称文科区，南岸是理科区。理科区与子产祠园紧密相连，一代代郑大学子从金水河畔走出，成为国家建设的栋梁之材。

连接文科区与理科区的金水河桥

子产祠园

　　金水河桥长 25 米，宽为 8 米。原来是一座木桥，20 世纪 80 年代初期改建成混凝土桥梁。桥墩粗壮，结构合理。墩帽呈圆角矩形，结实稳固，耐河水冲击。两侧桥梁护栏设计美观、图案简约，橘红色和金黄色的图案点缀，与阳光下闪闪发着金光的河景相协调，给人以视觉的美感。

　　2021 年 7 月 20 日遭受特大暴雨引发洪水灾害后，金水河桥受损严重，桥梁护栏被冲毁，学校拨款对桥体进行了加固，更换了新的护栏，现 1.2 米高的不锈钢防撞桥梁护栏更加坚固美观。

　　金水河桥搭建的不仅是桥梁，更是郑州市历史文化的见证，在这里留下了郑大师生学习和生活的足迹。它记录着读书人勤勉奋发的身影，存留着不同过客的故事，陪伴着一代又一代年轻人的成长，给郑大学子留下魂牵梦绕的记忆，也见证着郑州大学的发展变迁。目前学校正在与郑州市金水河管理单位商议，打造金水河沿岸文化园区，挖掘郑国子产文化，努力为校园文化增添一道亮丽的风景线。

滨河一景

4. 假山

假山是指郑大南校区眉湖旁的一个土丘。在20世纪70年代初期，工农兵大学生响应学校号召，开挖眉湖，用于承载校内游泳池和暖气锅炉排水，挖出的土方堆积成山，后来经过修葺，形成了现在的假山。90年代后，假山划归郑州市管辖。1998年郑州市将金水河两岸改造成滨河公园，假山上重新绿化，并修建凉亭。

假山（一）

假山（二）

凉亭

　　假山已经成为一个市民游玩的景点，假山与眉湖相依而存，假山上建有流水山崖的美景，水流形成的小瀑布从山壁倾泻而下，只是站在旁边，就能感觉到水的清凉；假山上绿树成荫，许多居民在这里乘凉，远眺金水河风光，俯瞰郑州大学南校区全貌；现在的假山与郑州大学南校区一墙之隔，虽已不是校园内风景，却依然守护着这座校园。

5. 眉湖

眉湖位于郑大南校区金水河畔，与金水河相连，在河岸闸门的控制下，常年湖水清澈，现水域面积约800平方米。

眉湖是人工湖，开挖于20世纪70年代，初期由郑州大学工农兵大学生响应学校号召挖建，承担着郑州大学游泳池和暖气锅炉的排水池功能。它以经年历史见证了郑州大学的发展历程。

20世纪90年代后，眉湖划归郑州市管辖，1998年郑州市将金水河两岸改造成滨河公园，眉湖得到了进一步扩建和改造。原本眉湖并没有具体的名字，而是因为其修长的形状酷似眉毛，于是郑大学子便给它取了个富有诗意的名字——眉湖。

眉湖一景

现在眉湖已经成了附近市民和郑大师生休闲娱乐的乐园，清澈的湖水里，鱼儿欢快地游来游去，吸引着不少市民时常到这里垂钓；湖中一座蜿蜒的小桥连接了眉湖的两岸，不时有游客在桥上拍照留下美好的瞬间；湖边修建纳凉的长廊，休闲的人们在这里举办打拳、练剑、唱歌等健身娱乐活动，脸上洋溢着幸福的微笑。

2001年郑州大学主校区内构筑的景观湖，半包围核心教学楼的西半部，呈长弧形，因其整体外形像眉毛，故也传承了南校区湖名，取名为"眉湖"。因此现在有两个眉湖，一个在郑州大学南校区金水河旁，一个在郑州大学主校区内，郑州大学主校区的眉湖设计了一系列富有中原特色的人文景观，旨在展现中原文化的博大精深与高雅文明，寄予学子博采众长、雅趣共享。

6. 锅炉塔

郑大南校区锅炉塔竣工于 1998 年。此锅炉塔记载了燃煤锅炉的历史，过去燃煤烟雾缭绕，在静静的朝气里渐渐地升腾，渐渐地消隐，默默无闻地为师生们服务。

随着国家环保政策的推进，燃煤锅炉根据减排规定，进行了煤改气改造，其优点为：出水升温快、流量大、热效高，维修控制方便等，极大地减少了空气污染排放量。

2012 年，服务了郑大师生 20 余年的燃煤锅炉完成了历史使命，按新方案进行了改造和修葺。目前，改造后的燃气锅炉仍在正常运转，为师生日常洗浴和冬季供暖提供了坚实的保障。尽管锅炉塔已废弃不用，但其独特的建筑风格和高耸庄严的造型，成了校园内一道美丽的风景线，给校友们留下了深刻的印象。

锅炉塔

五　校园四季

春日暖阳

盛夏时节

金秋天地

冬日雪景

北

南校区俯瞰图(部分)

■ 后记

　　老郑大始建于 1956 年。这里有多栋 20 世纪 50 年代的苏式建筑，也有独具特色的现代建筑，既有教学楼宇，也有生活体育文化设施。

　　多年来，学校一直高度重视校园文化建设。老郑大在校园文化建设方面取得一定成果，设立了嵇文甫塑像、申报了省级文保单位、在建筑物前安放纪念石等。但校园文化建设任重道远，深度挖掘校园文化还有很多工作要做。这次我们从建筑物文化印象入手，精心编写了这本《凝固的历史　厚重的记忆——老郑大建筑图记》，旨在培根铸魂，启智增慧。使广大师生和校友通过对老郑大建筑的了解，从另外一个侧面真切地感受校园深厚的文化底蕴，深刻领悟校园的文化精髓，增进爱校爱学的情感自觉，让环境育人真正发挥作用。

　　为了做好编写工作，组建了以曹振宇为组长的编写组。编写组成立以来，编写人员通过对南校区建筑物的实地勘探，查阅校史档案资料，走访和请教有关老领导和老同志，对楼宇和场馆等建筑物进行了认真筛选和挖掘，经过大家共同努力完成此书。翻阅本书，使读者看一幅幅图片如同穿越 60 年的历史，读一行行文字犹如经历一个甲子年的沧桑，凝固的历史永无止步，厚重的记忆绵延不息。

　　本书由曹振宇、孙红总体策划并负责统稿，王兴凯负责图片的选取和文字加工，赵自东负责建筑物技术语言表达，肖文沛负责档案资料的查询和整理；贾琳、吴军超、郑发展、赵强、穆童、张文良、董仕瑾、张珂、杜伊敏、张晓萍、田颖、高春佳等同志参与撰稿工作；史珈祯、黄若尧参与了全书的校对工作；建筑物照片由刘景学拍摄，部分老照片由学校档案馆和校友提供，俯瞰图由魏洪波提供。感谢为本书的编写提供宝贵意见的老领导、老同志，感谢为此书编写提供素材的各位校友。感谢郑州大学出版社崔青峰副总编参与前期的策划，并提出许多好的建议，感谢出版社编辑陈思同志的辛勤付出。

　　由于时间仓促，水平有限，挖掘的深度和广度还不够深入。不妥之处，恳请读者批评指正。此乃抛砖欲引玉之为，希望有更多的校友和同仁关注郑大，关注郑大的校园文化建设。

曹振宇

2023 年 3 月 20 日